動画でも学べる！
子供の科学サイエンスブックス
NEXT

卵をゆでると固まるのはなぜ？
うま味って何？

おいしい料理(りょうり)
実験でわかる！
大研究(だいけんきゅう)

石川伸一 著

誠文堂新光社

はじめに

　ふだん私は「おいしい料理」を研究しています。大学の研究室で実験しているときも、自宅の台所で調理しているときも、つくづく「料理は科学だ！」と感じます。野菜を炒めたり、パンを焼いたりするとき、フライパンやオーブンの中ではいろいろな化学反応が起こっており、できた料理は新しい化学反応が起こった結果によるものです。

　おいしい料理をつくるには経験やコツが大切ですが、食べものがミクロなレベルでどのように変わっているかなど、料理を科学の目で見ることは、おいしさの追求にとても大事です。調理は、「理(ことわり)(道理)」を「調べる」と書くぐらいですから、じつに"科学的な行い"なのです。

　私が小学生や中学生だったころ、得意科目は「給食」でした。そして未来に強い興味をもっている子でした。1980年代当時、テレビの中でえがかれていた「未来の料理」は、カード食やチューブ食、カプセル食といった初期の宇宙食をイメージさせるものや、電子レンジのような装置からいきなり完成した料理が登場するものでした。21世紀の料理はどんなものになるか、人一倍食い意地がはっていた少年は、見たことのない未来の食べものに胸をふくらませ、おなかをへこませていました。

21世紀に突入し、さらに20年以上がたった現在、昔、私がテレビで見たSF（サイエンスフィクション）のような食べものを、現実の世界でも見かけるようになりました。たとえば、データにもとづいて料理を印刷する3Dフードプリンターなどが実際に登場しています。
　また、レストランでは、これまでなかった新しい世界の料理を創造しようとする取り組みとして「分子調理」が注目されています。"分子"には、物理学、化学、工学などといった科学的な視点という意味が込められています。国内外のある一部のレストランでは、実験室で使われてきたような器具を使って、誰も体験したことのないような斬新な料理が生み出されました。

　前衛的なレストランでは、新しい技術を駆使してつくられた料理が大きく進化しているのに対し、ふだんの私たちが食べる料理は大して変わっていないように思えます。しかし、ファミリーレストランの料理や、スーパーマーケットで買うおそうざいは、昔と比べて確実においしくなっています。私たちが何気なく食べている料理は、おいしさの向上を求めて、たくさんの"実験"を経た結果なのです。

　そもそも人間の歴史を変えてきたのは、たとえば、戦争などの社会の動きではなく、小麦、米、トウモロコシといった穀物や、大豆、ジャガイモのような食べものだといわれています。
　毎日の食事を調べることは、その影響する範囲がとても広いため、科学・技術・工学・芸術・数学といったいろいろな世界を知る上での入口となります。さらに、調理という"実験"ができます。そして何より、自分がつくったおいしい料理を食べることもできます。
　この本を読んで、手と頭と舌を使って自分で考える力、自分で創造する力を身につけてもらえたらとてもうれしいです。

石川伸一

もくじ

はじめに …… 2

この本の登場人物／注意すること …… 6

第1章 「おいしい」ってどういうこと？ …… 7

01 赤いカレーと青いカレー どっちがおいしそう？ …… 8

02 グレープフルーツとオレンジのジュースは同じ味!? …… 10

03 温かいみそ汁と冷えたみそ汁 しょっぱいのはどっち？ …… 12

04 パリパリとしんなり どっちのポテチがおいしい？ …… 14

05 ケーキは甘くて、ゴーヤは苦く感じるのはなぜ？ …… 16

まとめ 食べもののおいしさは「脳」で感じる …… 19

もっと知りたい！ 食べものの好き嫌いのふしぎ …… 20

第2章 科学でわかる！食べもののふしぎ …… 21

01 スイカに塩をふると甘く感じるのはなぜ？ …… 22

02 どうしてジャムは長く保存できるの？ …… 24

03 辛いものを食べると熱く感じるのはなぜ？ …… 26

04 キュウリに塩をふると水分が出るのはなぜ？ …… 28

05 マヨネーズが水と油に分離しないのはなぜ？ …… 30

06 やわらかい豆腐はどうやって固めているの？ …… 32

07 卵って、ゆでるとどうして固まるの？ …… 34

08 パンを焼くと、こんがりいい香りがするのはなぜ？ …… 36

09 メレンゲをつくるとき卵白だけを使うのはなぜ？ …… 38

10 果物を冷やすと甘く感じるのはなぜ？ …… 40

11	ネバネバした納豆って腐ってるの!?	42
12	キウイのゼリーは固まらないってホント!?	44
13	タマネギを切ると涙が出るのはなぜ?	46
14	お米を炊く前に水にひたすのはなぜ?	48
15	みそ汁は、合わせだしで超おいしくなる?	50
もっと知りたい!	緑茶・ウーロン茶・紅茶は兄弟!?	52

第3章 新しい料理のサイエンス … 53

01	おいしい料理を科学する	54
02	3Dフードプリンター	56
03	AI活用で食品づくり	58
04	「分子調理」ってなんだ?	59
05	料理を式であらわす	62
もっと知りたい!	宇宙旅行の人気No.1グルメは?	64

第4章 おいしくつくろう 料理実験に挑戦! … 65

黄身だけゆで卵	66	ふわふわパンケーキ	74
べっこうあめ	68	なべで炊くご飯	76
▶ 動画もチェック!		人工イクラおにぎり	78
しゃかしゃかアイス	70	▶ 動画もチェック!	
セパレートドリンク	72		

▶ 動画もチェック!

このマークのあるページにはQRコードがついているよ。
読み込んで、料理づくりの動画を見てみよう

この本の登場人物

楽しもう!

サトシくん
理科の実験とものづくりが得意。つくるより食べるほうが好きだけど、苦い野菜はちょっと苦手。

リカさん
趣味はお菓子づくりで、甘いケーキとチョコが大好き。将来なりたい職業はパティシエール(菓子職人)。

たまごん
料理実験のアシスタント。すごいオリジナル料理を発明して、みんなを感動させるのが夢。

料理はサイエンス、キッチンは実験室です。
おいしい食の世界をいっしょに探検しましょう!

いしかわ先生
おいしい食のサイエンスを探究する研究者。分子調理法や3Dフードプリンターなど、未来の料理のテクノロジーにもくわしい。

 注意すること

・実験や料理をするときは、安全や衛生面に十分注意したうえで、必ず大人といっしょに行いましょう。
・火や刃物、熱湯などの取り扱いには十分注意し、やけどやケガをしないように気をつけましょう。
・実験を始める前に、使う材料や道具、手順をよく読んで準備しましょう。
・レシピに書いてある時間や分量は、道具の大きさや火加減などによっても変わるので、あくまで目安としましょう。
・食べものの味やにおい、食感などの感じ方には個人差があります。そのため、本書で紹介している実験の結果とは異なる場合があります。

第1章
「おいしい」って どういうこと？

01 赤いカレーと青いカレー どっちがおいしそう？

食べたいのはどっち？

どっちも同じカレーなのに、青い色のカレーより、
赤い色のカレーのほうがおいしそうに見える。なんでだろう？

青い色をした料理って、あんまり見ることがないよね。
味はよくても、なんかおいしそうに見えないな

赤やオレンジ、黄など暖色系の料理や食べものは、見た目が食欲をそそり、おいしそうに感じられます。反対に青や紫、黒など寒色系は、食欲をなくす色とされています。もしどちらかのカレーを食べるなら、左の赤いカレーを選ぶ人が多いでしょう

 おいしさのキーワード ▶ 見た目

① 「おいしい」ってどういうこと?

おいしさは見た目から始まる!?

「おいしい」と感じる色や形は?

私たちが料理を食べる前には、まず色や形、大きさといった「見た目」が、おいしさを判断する材料になります。レストランでメニューの写真を見て注文したり、コンビニやスーパーで食べものを買ったりするときは、目で見た情報をもとに味を想像して、料理や食べものを選んでいるのです。

赤やオレンジなど暖色系の食べものは食欲をそそりますが、寒色系の食べものがおいしくないわけではありません。緑のホウレンソウ、紫のナスのように、その食べものの色が記憶と合っているかどうかが食欲を左右すると考えられます。

また、食材の新鮮さや料理の盛りつけ、量なども視覚を刺激して食欲が増し、食べたときおいしいと感じられます。

おいしそうに見せる色の工夫

スーパーなどでは果物や野菜が色つきのネットに入って売られています。赤いネットに入ったミカンは、実際の色よりも濃く鮮やかに見えます。このとき私たちの脳は、見た目で「おいしいミカン＝鮮やかなオレンジ色」と判断しやすいため、ネット入りのほうがおいしいと感じるのです。

実験しよう！

おいしそうに見えるのどっち？

用意するもの
- ☑ ミカンまたはオレンジ
- ☑ 赤色のネット
- ☑ カメラ（スマホのカメラでもOK）

ポイント

ⓐとⓑは同じミカンなのに、ⓑは赤いネットの色に近づいて、より濃く鮮やかなオレンジ色に見えます。これは「色の同化」と呼ばれる現象を利用して、中身をより色鮮やかに見せるための工夫です。オクラが緑色のネットに入っているのも同じ理由です。

❶ミカンをそのまま写真に撮るⓐ。
❷同じミカンを赤色のネットに入れて、同じように写真に撮るⓑ。
❸ⓐとⓑの見た目の色をくらべる。どちらがおいしそうに見えるかな？

02 グレープフルーツとオレンジのジュースは同じ味！？

目をつぶって、鼻をつまんで飲んでみよう！

グレープフルーツジュースとオレンジジュースじゃ、色も香りも味も全然違うよね。間違うわけないわよ

目をつぶって、鼻をつまんで飲むと……
アレッ？　どっちかわかんなくなっちゃった！

これは2種類のジュースを飲み分ける実験です。グレープフルーツジュースとオレンジジュースのように、酸味と甘味の強さがほぼ同じものを鼻をつまんで飲むと、果物のにおいが感じられなくなり、区別しにくくなります。モモジュースとリンゴジュースでも試してみましょう

 おいしさのキーワード ▶ におい

1 「おいしい」ってどういうこと?

においからおいしさをイメージ

においの情報はどう伝わる?

かぜや花粉症で鼻がつまっているとき、料理の味がわからなかったり、好きなものでもおいしく感じられなかったりしたことはありませんか? 私たちが食べものをおいしく味わうとき、この「におい」の感覚も大きな役割をになっています。

食べもののにおいは鼻から感じるものと、口の中から鼻にぬけて感じるものがあります。食べものから飛び出したにおいの成分は、鼻の粘膜にある嗅細胞という細胞にふれることで感じられ、においの情報として嗅神経から脳へと伝わります。

おいしいにおいで食欲アップ!

においの情報(嗅覚情報)は、脳の中で味の情報と結びついたり、さまざまな記憶を呼び起こしたりします。たとえば、カレーのにおいをかぐと、ほとんどの人はカレーの味を想像することができるでしょう。店先でおいしそうなにおいがしたら、急におなかがすいて、その料理が食べたくなったりすることもあります。

においはおいしさを決める要素であるとともに、食欲をうながす重要な情報にもなります。

実験しよう!

果汁ゼリーの味を当てよう

❶果汁ゼリーを何種類か用意する。
❷目をつぶり、鼻をつまんで順番に食べる。
❸どのゼリーを食べたか味を当てる。味がわからなくなったのはどれかな?

用意するもの
☑ 果汁入りゼリー
（リンゴ、モモ、グレープフルーツ、オレンジ、ブドウなど）

ポイント

左ページのジュースの実験と同じように、食感がよく似た果汁ゼリーやグミでは、においが感じられなくなると味の区別がしにくくなります。私たちがリンゴ味、モモ味などと感じるのは、味だけではなく、においが関係していることがわかります。

03 温かいみそ汁と冷えたみそ汁しょっぱいのはどっち?

温かさで味が変わる!?

同じみそ汁なら成分も同じはずでしょ?
温かくても冷たくても、味や濃さは変わらないと思うな

だけど、冷めたみそ汁を飲んだら、
いつもより味が濃くてしょっぱい気がしたよ。なんでだろう?

みそ汁のうま味成分は温かい状態でちょうどよく感じ、温度が下がるとどんどん弱まっていきます。一方、塩味の感じ方は温度変化であまり変わらないため、冷えたみそ汁は塩味だけが際立って、味がしょっぱく感じられることがあります

 おいしさのキーワード ▶ 温度

1 「おいしい」ってどういうこと？

おいしさは温度によって変わる

温度で味が変わるのはなぜ？

料理の「温度」も、おいしさを決める大切な要素です。みそ汁の温かさやアイスクリームの冷たさも、おいしさの一部として感じているのです。また、同じ料理でも、熱い、温かい、ぬるい、冷たいなど、温度の変化によっておいしさも変わります。

では、温度で味やおいしさが変わるのはなぜでしょうか？　私たちはものを食べると、その食べものに含まれる味の成分が舌の上の味覚センサーにふれることで、さまざまな味を感じています。このとき甘味やうま味の感じ方は温度によって変化し、体温に近い温度で最もよく反応します。それに対して、塩味や酸味は温度による変化を受けにくいと考えられています。

香りと温度のおいしい関係

温度は食べものや飲みものの香り（におい）にも影響を与えます。多くの食べものは、温度が上がると香りが強くなります。たとえば、温かいみそ汁からは香りの成分がたくさん出ているため、スプーンで飲むより、おわんから直接飲むほうが鼻から香りの成分をたくさん取り込むことができ、よりおいしく感じられます。

実験しよう！　溶けたアイスは甘ったるい？

❶冷たいアイスクリームを舌にのせて、甘さを確かめる。
❷次に溶けて温まったアイスクリームを舌にのせて、甘さの感じ方をくらべてみよう。

用意するもの
☑ アイスクリーム　　☑ スプーン

ポイント

アイスクリームには砂糖がたくさん入っています。冷たいアイスを舌にのせると、その温度によって甘味を感じる情報が抑えられ、ちょうどよい甘さでおいしく感じられます。一方、溶けて温まったアイスは甘味の情報が強まり、甘ったるく感じることがあります。

04 パリパリとしんなり どっちのポテチがおいしい?

おいしさはどう違う?

湿気たポテトチップスなんて、ベタベタしてちっともおいしくないよ!

味はもちろんだけど、食べたときのパリッていう音もおいしさのうちなんじゃない?

人によって好みはありますが、湿気たポテトチップスや気のぬけたコーラなどは、あまりおいしく感じられません。パリッとしたせんべい、サクサクのクッキー、ふわふわのパンなど、日本語にはおいしい食感をあらわす言葉がたくさんあるので調べてみましょう

 おいしさのキーワード ▶ 食感

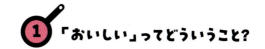

1 「おいしい」ってどういうこと？

風味と食感はおいしさの二大要素

鍵をにぎるのはテクスチャー

食べものを口に入れると、味やにおいだけでなく、舌ざわりや歯ざわり、歯ごたえ、のどごしなど、さまざまな食感（触覚）を感じます。これらの複雑な感覚は、ひとまとめにしてテクスチャーと呼ばれ、料理のおいしさに大きな影響を与えています。

たとえば、ご飯は米粒のかたさや弾力、粘り気などがおいしさを左右します。うどんやそばのツルツルした食感やのどごしのよさ、揚げたてのコロッケの衣のサクサク感のように、さまざまなテクスチャーがおいしさの鍵をにぎっているといってもよいでしょう。

テクスチャーの感じ方

では、私たちはどのようにしてテクスチャーを感じているのでしょうか？　食べものの味はおもに舌で、においは鼻で感じます。これに対して、テクスチャーの感覚は、食べものを口に入れ、かみくだき、飲み込むまでに、くちびるや歯、舌、口の中、のどなど体のさまざまな部分で感じます。また、固形の食べものは液体のジュースなどより長く口の中にとどまるため、その間にテクスチャーも変わっていきます。

実験しよう！

シュワシュワのどごしテスト

❶ 冷えた炭酸ジュースを飲んで、シュワシュワしたのどごしを確かめる。
❷ 次に炭酸がぬけたジュースを飲んで、のどごしと風味の変化を調べよう。

用意するもの
☑ 炭酸ジュースやコーラ
☑ コップ

ポイント

テクスチャーは食品の風味にも大きく影響します。歯でかんで食べる固形の食べものはテクスチャーの影響が強く、そのまま飲み込む液体の飲みものは風味の影響が強いと考えられています。

15

05 ケーキは甘くて、ゴーヤは苦く感じるのはなぜ？

私、ケーキ大好き！ 甘くておいしいよね！
やっぱり砂糖がいっぱい入ってるから甘く感じるんじゃない？

ぼくはゴーヤとかピーマンとか、苦い野菜は苦手だな。
においも青くさくて、食べるとキケンを感じるよ…

ケーキやチョコレートを食べると「甘い」、ピーマンやゴーヤは「苦い」、レモンは「酸っぱい」と感じるでしょう。それぞれの味は、舌の上にある味覚センサーで感知して、「甘い」「苦い」「酸っぱい」などと区別されるんですよ

 おいしさのキーワード ▶ 味

1 「おいしい」ってどういうこと？

食べものの味を感じるしくみ

基本の味は5種類

　食べものの味は、甘味、苦味、酸味、塩味、うま味という5つの味の組み合わせからなります。これらの基本味は「五味」と呼ばれ、料理のおいしさに大きく関わっています。

　ヨーロッパでは古くから、味の種類は甘味、苦味、酸味、塩味の4つとされていました。しかし、日本では昔から昆布やかつお節のだしに「うま味」があることが知られていました。のちに、うま味成分は日本で見つけられ、現在は5つめの基本味として広く認められています（18ページ参照）。

食べものの味が脳に伝わるまで

　私たちが料理を食べると、どのようにして味を感じるのでしょうか？

　食べものが口に入ると、舌の上にある味蕾という味覚センサーが食べものの味分子に反応します。味蕾は、細長いタマネギのような形を

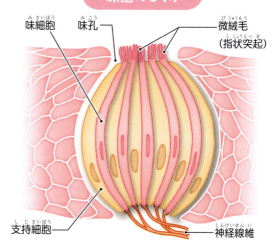

味蕾のしくみ
味細胞／味孔／微絨毛（指状突起）／支持細胞／神経線維

実験しよう！ チョコとゴーヤを同時に食べると？

用意するもの
- ☑ チョコレート
- ☑ ゴーヤ

❶まずチョコレートとゴーヤを別々に食べて味を確かめる。
❷次にチョコレートとゴーヤをいっしょに食べる。甘味と苦味の感じ方はどう変わるかな？

ポイント

甘味、苦味、うま味の物質は、味細胞の細胞膜にあるタンパク質の受容体に作用します。一方、酸味と塩味の物質はそれらとは受容体が異なり、味細胞の細胞膜上でイオンの流出・流入をになうイオンチャンネルに作用します。

17

した小さな細胞の集まりで、中には「味細胞」がたくさんあります（17ページの図）。

味細胞の表面には、タンパク質でできた「受容体」があります。5つの基本味は、それぞれ別々の受容体が作用して、化学的な変化が起こります。それらのシグナルが神経細胞を通って脳へと伝わり、情報として処理されます。

つまり、おいしさの情報は、味分子→受容体→神経→脳へと次々に伝わっていき、「このケーキ、甘くておいしい」などと感じるのです。

6つめの基本味がある！？

甘味、苦味、酸味、塩味、うま味が基本味といえるのは、それらの味覚が脳でしっかり認知されていて、さらにそれぞれの味覚の受容体が明らかにされているからです。

これまで、その条件を満たす基本味は5つとされていましたが、現在は6つめの「脂肪味」が注目されています。近年、油の成分である脂肪酸に反応する受容体が見つかり、日本の大学の研究グループが脂肪味を脳に伝える神経を発見しました。さらに、脂肪味に対して味覚が鈍い人は肥満になりやすく、生活習慣病のリスクが高まることもわかってきたのです。

これらの発見から、脂肪味は6つめの基本味として認められつつあります。

「umami」は日本の大発見！

基本味のうま味は、1900年代のはじめに日本人の研究者によって見つけられたものです。化学者の池田菊苗博士は、日本料理のだしとして使われる昆布の味を研究し、それらを「うま味」と名づけました。さらに、そのうま味のもとになる化学物質が、アミノ酸のひとつであるグルタミン酸と同じ成分であることをつきとめたのです。

その後、かつお節のうま味成分が核酸の一種のイノシン酸であることが明らかにされ、シイタケからもイノシン酸とよく似たうま味成分のグアニル酸が見つかりました。

ですが、海外では料理に海藻やかつお節を使うことはめずらしく、すぐにうま味が認められたわけではありません。近年の研究で、舌の上にうま味を感じる受容体があることが科学的に確かめられ、ようやく5つめの基本味「umami」として世界に認められたのです。

うま味を含むおもな食べもの

グルタミン酸

イノシン酸

グアニル酸

①「おいしい」ってどういうこと?

まとめ

食べもののおいしさは「脳」で感じる

おいしい情報の伝言ゲーム!?

料理を食べて「おいしい」と感じるプロセスは、味の情報が舌の味細胞から脳へと伝えられる伝言ゲームのようなものです。ただし、舌から脳への伝言ゲームは、味覚だけで行われるわけではありません。

たとえば、焼きたてパンのいい香りや、見た目も美しい盛りつけ、みそ汁のホカホカした温かさ、クッキーのサクサクした食感や音なども、おいしさの一部として感じられます。つまり、私たちは五感をフルに使って、食べものがもつさまざまな要素を感じているのです。

食べもの×食べる人=おいしさ

さらに、私たち食べる人側の要素も大きな影響を与えます。たとえば、おなかがペコペコだと、いつもの料理がもっとおいしく感じられます。反対に、かぜをひいたり気分が落ち込んだりしたときは、食欲もなくなるでしょう。

また、同じものを食べても、ある人にはおいしくて、ほかの人にはあまりおいしくないというように、食べる人の育ってきた環境や経験、好みなどによっても変わります。

このように、さまざまな要素が複雑に関係しあって、おいしさが生み出されるのです。

おいしさを生み出す要素

食べもの

- 見た目
- におい
- 味
- 食感
- 音

×

食べる人

- 育ってきた環境や食文化
- 経験
- その日の体調や気分
- おなかのすき具合

など

腹ペコは
いちばんの
調味料だね!

19

> もっと知りたい！

食べものの好き嫌いのふしぎ

小学生の嫌いな食べものは、ゴーヤ、セロリ、ピーマン、レバー、シイタケなどが上位にランクイン。

好き嫌いが生まれるメカニズム

同じ料理を食べても、おいしいと思うかどうかは人それぞれです。みんなは「おいしい」と言うのに、どうしても食べられないものがあったり、その逆のパターンもあるでしょう。また、セロリやピーマンのように、好き嫌いがはっきり分かれる食べものがあるのもふしぎですね。

おいしさの感じ方は、その人が育ってきた環境や食文化、経験などにも影響を受けますが、食べものの好き嫌いはなぜ起こるのでしょうか？　好き嫌いには、生まれつきのものと、経験によってつくられるものがあります。ある食べものを食べて吐き気がしたり、おなかが痛くなったりすると、その料理を嫌いになることがあります。これを「味覚嫌悪学習」といいます。

味覚嫌悪学習には、脳のはたらきが深く関わっています。脳の扁桃体というところでは、食べものの味やにおいなどの情報を受け取って、好き・嫌いの判断をしています。このとき扁桃体の中で、味覚情報と「お腹が痛くなった」「苦くてマズかった」といった記憶情報が結びつけられ、その味を嫌うように新たな記憶として保存されます。こうして脳は好き嫌いを日々アップデートしているのです。

第 2 章

科学でわかる！食べもののふしぎ

01 スイカに塩をふると甘く感じるのはなぜ？

スイカにちょっと塩をふって食べてみたら、スイカの味が超甘くなってビックリ！

それって本当にスイカが甘くなったのかな？食べる人が甘くなったように感じただけなのかも？

これはスイカそのものの甘さが増したのではなく、塩によって食べる人の甘味の感じ方が変わったのです。それと同じように、塩を少しなめたあとに甘いものを食べると、よりいっそう甘味を強く感じることがあります

 おいしさのキーワード ▶ 味の対比効果、味の相殺効果

2 科学でわかる！食べもののふしぎ

2つの味を合わせると味が変化する

味の「対比効果」とは？

塩の塩味は、スイカの甘さのもととなる果糖やブドウ糖の甘味をより強く感じさせるはたらきをします。そのため、スイカに塩をふって食べると、より甘くておいしく感じられることがあります。

このように、異なる味のものを同時に食べたとき、一方の味がもう一方の味によって強められることを「味の対比効果」といいます。甘いおしるこやあんこをつくるときに、塩を少しだけ入れるのもそのためです。ほかにも、だし汁に少し塩を入れると、うま味が強まっておいしくなることが知られています。

一方の味を弱める「相殺効果」

反対に、塩や砂糖にはもう一方の味を弱める作用もあります。これは「味の相殺効果」と呼ばれています。たとえば、すし飯はご飯にたくさんの酢を混ぜてつくりますが、強い酸味を感じないのは、少しの塩と砂糖を入れることで酸味が弱められるからです。

私たちは、こうした味の相互作用を経験からよく知っていますが、そのメカニズムはまだはっきりとはわかっていません。

実験しよう！ **レモンに塩をふると味は変わる？**

用意するもの
- ☑ レモン
- ☑ 砂糖
- ☑ 塩
- ☑ スプーン

ポイント

酸っぱいレモンに塩や砂糖をかけると、酸味が弱まったように感じられます。これも味の相殺効果による作用です。ほかにも、コーヒーに砂糖を入れると、その甘みでコーヒーの苦味がおさえられるのも同じ作用によるものです。

❶ レモンを薄くスライスする。
❷ 上に砂糖をかけて食べ、味の変化を調べる。
❸ 別のレモンに塩をかけて食べると、レモンの酸味はどう変わるかな？

02 どうしてジャムは長く保存できるの？

©nobtis/iStock

イチゴジャムの
つくり方は？

生の果物はすぐに傷んで味や色が変わっちゃうけど、ジャムにすると長く保存することができるね

イチゴジャムって、イチゴを煮てつくるのよね。どうして煮るとトロトロになるのかな？

残念ながら、イチゴを煮ただけでは「ジャム」にはなりません。お店で売っているジャムの原材料は、イチゴ、砂糖、レモン汁などです。どうやら、ジャムが長く保存できるヒミツも、この材料の中にありそうですよ

 おいしさのキーワード ▶ ゲル化、結合水、自由水

長もちのヒミツは「結合水」

砂糖が保存効果を高める

　食べものの中にある水には、「結合水」と「自由水」の2種類があります。このうち、食べものの成分と結合しているものを「結合水」、結合していないものを「自由水」といいます。食べものを腐らせるカビや細菌などの微生物は、水がないと増えることができません。そのため、結合水は微生物が増えるのに利用されにくいのが特徴です。一方、自由水は微生物が増えるのに利用することができます。

　保存食をつくるときは、自由水を減らして、結合水を増やす工夫が必要です。ジャムづくりに使う砂糖には、食べものの中にある水となじむ性質があります。そこで砂糖をたくさん加えると、結合水が増えて、自由水が減り、食べものの保存効果を高めることができます。

ジャムがかたくなるのは？

　熱で果実に含まれるペクチンという多糖類が溶け出し、それが集まってジャムがかたくなります（ゲル化）。果実に砂糖を加えて煮ると、自由水が減ってペクチンのはたらきが強まり、とろみがつくのです。レモン汁（酸）にはペクチンを補い、発色をよくするはたらきもあります。

実験しよう！ リンゴ＋レモン汁で変色を調べよう

用意するもの　☑ リンゴ　☑ レモン汁　☑ 小皿

ポイント　レモンに含まれるクエン酸にはリンゴが変色するのを防ぐ効果があります。そのため、果実にレモン汁を加えると、鮮やかな色が長もちします。

❶リンゴをスライスし、ⓐはレモン汁をかける。ⓑはレモン汁をかけない。
❷しばらくおいてⓐとⓑの色の変化をくらべる。

03 辛いものを食べると熱く感じるのはなぜ？

トウガラシの入った料理を食べたら、辛くて口の中が熱くなったよ。まだ舌がヒリヒリするみたい

ぼくは辛いものが苦手だな…。
あれ？　だけど「辛味」は5つの基本味に入っていないよ

いいところに気づきましたね！　辛味は「味」とつくのに、甘味、苦味、酸味、塩味、うま味の5つの基本味（17ページ）には入っていません。じつは、甘味や苦味と辛味では、感じるしくみが違うんですよ

 おいしさのキーワード ▶ 辛味、痛覚

2 科学でわかる！食べもののふしぎ

辛味は「味」ではなく「痛み」!?

脳が勘違いする「ニセの熱さ」

トウガラシの辛味のもとは、カプサイシンという成分です。トウガラシを食べると、このカプサイシンが口や鼻の中にある受容体と結びついて、「痛い」という刺激を脳に伝えます。

この受容体はカプサイシンだけでなく、熱の刺激とも結びつくため、脳が「熱い」と感じて体が反応します。カプサイシンと熱という違う刺激をキャッチすることで、舌がヒリヒリしたり、体が熱くなったりするのです。本当はトウガラシの刺激は熱くないのに、脳が勘違いしてしまう「ニセの熱さ」といえるでしょう。

ミントは「ニセの冷たさ」

トウガラシとは反対に、ミントを食べると口の中がひんやりします。これはミントに含まれるメントールという成分が冷たさを感じる受容体と結びつき、脳が「冷たい」と感じるからです。つまり、メントールの刺激もカプサイシンと同じように「ニセの冷たさ」なのです。

舌で辛味を感じるしくみ

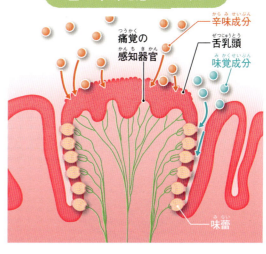

痛覚の感知器官 / 辛味成分 / 舌乳頭 / 味覚成分 / 味蕾

実験しよう！ トウガラシとミントを同時に食べると？

用意するもの
- ☑ トウガラシ
- ☑ ミントやハッカの葉

❶ 少量のトウガラシとミントの葉を同時に食べる。
❷ 味や辛味の強さは、どう変わるかな？

⚠ トウガラシは一度にたくさん食べないようにしよう。

ポイント
熱く感じるトウガラシと、冷たく感じるミントを同時に食べると、お互いの味を打ち消しあっておもしろい味がします。また、ミントのメントールが強いと、辛味が少しやわらいだように感じることもあります。

04 キュウリに塩をふると水分が出るのはなぜ？

キュウリを切って塩をふると、水がいっぱい出てきて、しなしなになったよ

ナスとかダイコンでも同じようになるよね。だけど、水といっしょに栄養の成分も出ていったりしないのかな？

キュウリやナスなどの野菜に塩を加えると、水分がぬけてしんなりします。こうしてつくられるのが漬物です。なぜ水分だけがぬけて、おいしい成分は野菜の中に残るのか、実験をして考えてみましょう

 おいしさのキーワード ▶ 浸透圧

② 科学でわかる！食べもののふしぎ

薄いほうから濃いほうへ水が動く

塩が細胞の水を外に吸い出す

切った野菜に塩をかけると、切り口から水分が出てしんなりやわらかくなり、少し縮んで小さくなります。これは、切り口の細胞を包んでいる膜(細胞膜)が水を通すため、塩によって細胞の中の水が外に出ていくからです。

では、なぜ水分だけが細胞の外に出ることができるのでしょうか？

水だけが移動できるワケ

動物や植物の細胞は、細胞膜という「半透膜」で間を仕切られています。半透膜は、水に溶けている大きい粒子は通しませんが、小さい水の分子は通せるしくみになっています。

細胞膜の内と外で成分の濃さが違うと、同じ濃さにするために、薄いほうから濃いほうへ水が引っぱられて動きます。この力を「浸透圧」といいます。

野菜の切り口に塩をふると、塩が切り口の水を吸い出して濃い塩水になります。すると細胞内にある水が細胞膜を通りぬけて、どんどん外に吸い出されます。このとき、細胞膜は水を通しますが、ほかの成分は通しません。だから漬物は味が濃縮されて、おいしくなるのです。

実験しよう！ キュウリ+塩で変化を調べよう

用意するもの
- ☑ キュウリやナスなどの野菜
- ☑ 塩
- ☑ 小皿

ポイント

塩は水にとても溶けやすく、食品中の水分にすぐに溶けます。ⓐは、時間がたっても色や形がほとんど変わりません。一方、ⓑの塩をふったキュウリは水分が出てしなしなになり、少し縮んで全体のかさが減ります。

❶キュウリを輪切りにし、ⓐはそのまま、ⓑは塩をふってしばらくおく。
❷ⓐとⓑの変化をくらべよう。

05 マヨネーズが水と油に分離しないのはなぜ？

材料を混ぜるだけでクリーミーなマヨネーズになるよ

実験しよう！ トロトロマヨネーズをつくろう

用意するもの
- ☑ 卵黄……卵1個分
- ☑ 酢……小さじ3
- ☑ サラダ油……100mL
- ☑ 塩……小さじ1/4
- ☑ ボウル、泡立て器（あればハンドミキサー）

ポイント
卵は黄身と白身を分けて、卵黄のみを使います。油を一気に入れると、油が小さな油滴にならず、大きな油滴になってマヨネーズが分離します。油は少量ずつ加えて、すばやくかき混ぜるのがコツです。

❶ボウルに卵黄、酢、塩を入れ、泡立て器でよく混ぜる。

❷サラダ油を少しずつ加えながら、すばやくかき混ぜる。

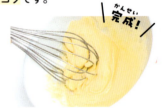
完成！
❸色が白っぽくなって、トロトロのクリーム状になったらできあがり。

おいしさのキーワード ▶ 乳化

2 科学でわかる！食べもののふしぎ

乳化剤が水と油を結びつける

仲介役は卵黄のレシチン

マヨネーズのおもな材料は、酢、油、卵黄です。酢（水）と油は、混ざりあって安定した状態を保つことができないので、混ぜても時間がたつと分離してしまいます。

では、なぜマヨネーズは分離せずに、なめらかな状態を保つことができるのでしょうか？

水と油のように、ふつうは混ざりあわないものを混ざりやすくするはたらきを「乳化」といいます。マヨネーズでは、卵黄に含まれるレシチンという脂質のなかまが乳化剤としてはたらき、酢と油をなじませています（下図）。

乳化でつくられる食品

乳化には、油滴が水に浮かんでいる「水中油滴型」と、油の中に水滴が浮かんでいる「油中水滴型」があります。水中油滴型の食べものには、マヨネーズや牛乳、生クリーム、アイスクリームなどがあります。油中水滴型にはバターやマーガリン、チーズなどがあり、油のほうが最初に舌にふれるため、食べたとき油っぽく感じられます。

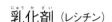
マヨネーズの乳化のしくみ

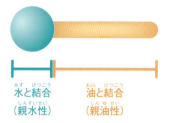
乳化剤（レシチン）
水と結合（親水性）　油と結合（親油性）

油と酢（水）が分離した状態。

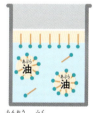
卵黄に含まれるレシチンが油滴の表面に膜をつくる。

乳化

レシチンが小さな油滴を1つずつ包み込み、酢と油が混ざりやすくする。

マヨネーズやアイス、チーズなど、多くの加工食品や油を使う料理では、必ずといっていいほど乳化が起こっています。成分が分離しないように、乳化剤（レシチン）を添加している食品は多いので調べてみましょう

31

06 やわらかい豆腐はどうやって固めているの？

©Nungning20/iStock

豆腐の原材料は大豆

もとの大豆は茶色くてかたいのに、豆腐は白くてやわらかい。色もかたさも全然違うね

もめん豆腐ときぬ豆腐は何が違うの？
そもそも豆腐って、どうやってつくるのかな？

豆腐づくりは、水につけてやわらかくした大豆をすりつぶし、加熱したあと布でこします。こうしてできた豆乳に、あるものを加えて固めるのですが、それは何でしょう？ ヒントは、海水にも含まれている成分ですよ

 おいしさのキーワード ▶ 凝固、塩析

2 科学でわかる！食べもののふしぎ

おいしい豆腐ができるまで

豆腐づくりに欠かせない「にがり」

豆腐のつくり方はシンプルです。まず、ひと晩水につけてやわらかくした大豆をミキサーで細かくくだき、加熱したあと布でしぼってこします。こうしてしぼった汁が「豆乳」、布に残ったせんいが「おから」です。この豆乳を加熱して、「にがり」という凝固剤を加えて固めると豆腐になります。

にがりは海水から塩（塩化ナトリウム）を取りのぞいた液体で、おもな成分は塩化マグネシウムです。なめると苦い味がするため、この名前がついたといわれています。

タンパク質とマグネシウムが結合

では、なぜ豆乳ににがりを入れると固まるのでしょうか？

豆乳には、大豆のタンパク質が溶け込んでいます。そこへにがりを加えると、プラスの電荷を帯びたマグネシウムと、マイナスの電荷を帯びたタンパク質が引かれあってくっつきます。さらに、それまで水の中でバラバラだったタンパク質同士がどんどんくっついて沈殿します。このような現象を「塩析」といいます。こうして液体の豆乳が固まって、やわらかい豆腐ができあがります。

実験しよう！　お手軽レモン豆腐をつくろう

用意するもの
- ☑ 豆乳……100mL
- ☑ レモン汁（酢）……5mL
- ☑ なべ、スポイト、スプーン

❶ なべに豆乳を入れ、かき混ぜながら弱火で加熱する。
❷ 豆乳が固まってきたら、温めたレモン汁をスポイトでゆっくり加える。
❸ すぐに火を止めて、しばらく冷やし固める。

ポイント
にがりを使うより、もっと手軽にできる酸の凝固の実験です。豆乳がうまく固まる温度を調べてみましょう。豆乳を沸騰させると、熱でタンパク質の性質が変わり、表面に薄い膜ができます。それをすくい上げたものが湯葉です。

07 卵って、ゆでるとどうして固まるの？

卵って黄身と白身で固まる温度が違うんだね。下の実験で確かめてみよう！

卵の凝固温度の違い

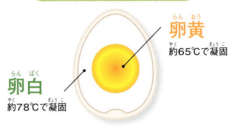

卵黄　約65℃で凝固
卵白　約78℃で凝固

実験しよう！ いろいろなゆで卵をつくろう

用意するもの
- 卵……3個
- 水……適量
- なべ、はし、調理用温度計

ポイント
沸騰した湯で7〜8分ゆでると、卵白には十分熱が伝わって固まりますが、卵黄までは熱が伝わりきらず、ⓑの半熟卵になります。ⓑは余熱で固まりすぎるのを防ぐため、ゆで終わったらすぐ冷水で冷ますのがコツ。ゆでる温度と時間は、卵の大きさなどによっても変わるので目安としましょう。

ⓐ かたゆで卵
90℃以上で約10分。

ⓑ 半熟卵
90℃以上で7〜8分。

ⓒ 温泉卵
70℃前後で約30分。

おいしさのキーワード ▶ 変性、熱凝固

2 科学でわかる！食べもののふしぎ

卵の「熱凝固」でタンパク質が固まる

タンパク質が固まるしくみ

卵の中身は、ほぼタンパク質でできています。卵をゆでたり焼いたりすると固まるのは、熱を加えることによってタンパク質が「変性」（性質が変わること）するからです。この現象を「熱凝固」といいます。

卵に含まれるタンパク質は、多くのアミノ酸が数珠状につながってできています。生卵のときは、くさりが折りたたまれて水の中にただよっていますが、熱が加わるとくさりが広がり、互いにからまりあって固まります（下図）。

卵白と卵黄で固まる温度が違う

卵に含まれるタンパク質にはいろいろな種類があります。卵白と卵黄でも性質が異なり、それぞれタンパク質が固まる温度も違います。

卵白タンパク質の半分以上を占めるオボアルブミンという成分は、約78℃で固まります。卵黄に最も多く含まれる低密度リポタンパク質は、約65℃で固まります。

この違いを利用して、左ページのように、固まり具合の違ういろいろなゆで卵をつくることができるのです。

タンパク質の熱凝固

❶ タンパク質はアミノ酸が数珠状につながってできている。

❷ 熱を加えると、タンパク質が動いて、ほどける。

❸ ほどけたタンパク質同士がからまりあい、網目状になって固まる。

卵のタンパク質は凍らせることでも変性します。卵を凍らせると中に氷の結晶ができ、タンパク質に影響を与えます。生卵とゆで卵を凍らせて自然解凍すると、それぞれおもしろい変化が見られるので、ぜひ試してみてください

08 パンを焼くと、こんがりいい香りがするのはなぜ？

©bm4221/iStock

パンの表面はこんがりキツネ色

実験しよう！ こんがり焼けるのはどっち？

❶ 食パンをトースターで2分間焼く ⓐ。
❷ もう1枚を電子レンジで2分間加熱する ⓑ。
❸ ⓐとⓑの色と香りをくらべる。

用意するもの
☑ 食パン…2枚　☑ トースター、電子レンジ

ポイント
食パンをトースターで焼いたⓐは、表面にこげ目がついてキツネ色になります。これは「メイラード反応」（右ページ）が起こったためです。一方、ⓑはホカホカになるだけで、メイラード反応は起こりません。電子レンジはトースターよりも加熱する温度が低いうえ、加熱のしくみも違うからです。

 おいしさのキーワード ▶ **メイラード反応、カラメル化反応**

2 科学でわかる！食べもののふしぎ

色と香りを与える「メイラード反応」

「メイラード反応」のしくみ

　パンやクッキーを焼くと、表面が茶色く色づいて、香ばしい香りがします。これは「メイラード反応」という現象が起きたからです。焼肉や焼き魚、目玉焼きの焼き色、ご飯のおこげ、タマネギを炒めたときの色の変化なども、すべてメイラード反応によるものです。

　メイラード反応は、熱を加えることでタンパク質のアミノ酸と糖が反応して起こります。パンづくりでは、原料の小麦粉に含まれるタンパク質と糖が結びついて反応し、メラノイジンというさまざまな褐色の物質や香りの成分が生まれます（下図）。この反応は120〜140℃以上でよく進むため、それより低い温度で調理をすると、ほとんど色やにおいがつきません。

よい香りがする「カラメル化反応」

　また、砂糖を加熱すると香ばしい香りがするのは、「カラメル化反応」という現象によるものです。高温で加熱すると、糖のつくりが変わったり、別の分子と結びついたりして、よい香りや苦味の成分が生まれます。

メイラード反応のしくみ

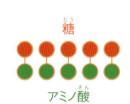

加熱によって糖とアミノ酸が結合する。　　褐色の物質と香り成分ができる。

加熱すると、材料の小麦粉や卵、砂糖などに含まれるタンパク質のアミノ酸と糖が結びついて反応し、褐色物質ができる。

　メイラード反応は、別名「褐変反応」とも呼ばれます。調理中に起こる化学反応の中でも、最も重要なもののひとつで、「キング・オブ・調理反応」といってもよいでしょう

09 メレンゲをつくるとき卵白だけを使うのはなぜ？

©Diana Sklarova/iStock

卵白を泡立てると白いメレンゲができるよ

実験しよう！ ふわふわのメレンゲづくり

用意するもの
- ☑ 卵白……卵1個分
- ☑ 砂糖……30g
- ☑ ボウル、泡立て器（ハンドミキサー）

❶ ボウルに卵白を入れ、泡立て器（またはハンドミキサー）で一気に泡立てる。
❷ 白っぽくなったら砂糖を数回に分けて入れ、さらに泡立てる。
❸ 角が立つほど弾力が出たらできあがり。

ポイント
卵を割って卵白を取り分けるときは、卵黄が混じらないように注意。卵黄が混じるとメレンゲが泡立ちにくくなります。また、ボウルや泡立て器に油や水がついていても泡立ちが悪くなるので、きれいに洗って乾かしてから使いましょう。

おいしさのキーワード ▶ 起泡

2 科学でわかる！食べもののふしぎ

卵白の「起泡性」を利用して泡立てる

メレンゲができるしくみ

卵白のタンパク質は加熱だけでなく、かき混ぜることでも変性が起こり「泡」ができます。この「起泡性」（下図・上）を利用した食べものがメレンゲです。

卵白をかき混ぜると、折りたたまれていたタンパク質がほどけてからまりあいます。このとき、卵白に含まれる水分が空気を取り込んで空気の泡ができます。この泡を、ほどけたタンパク質が包み込むことで泡が割れにくくなり、ふわふわのメレンゲができるのです。

卵黄が混じると泡立たない

卵白に、油を多く含む卵黄が混ざると泡立ちが悪くなります。油があると、泡を包むタンパク質の膜は不安定になります。そのため卵黄が混じったり、調理器具に油がついていたりすると、タンパク質が変形して泡が壊れやすくなるのです（下図・下）。

また、卵白を泡立てすぎても、タンパク質同士の結合が強まりすぎて水分が出てしまい、きれいなメレンゲになりません。左ページの実験で確かめてみましょう。

卵白の起泡のしくみ

1 卵白のタンパク質は、小さな粒が長くつながっている。

2 卵白をかき混ぜると、折りたたまれたタンパク質がほどける。

3 ほどけたタンパク質が空気の泡の表面をおおい、泡が壊れにくくなる。

タンパク質を含む液体の膜
空気の泡

油がメレンゲを壊すしくみ

油と結合しやすい性質（親油性）のアミノ酸

油が入るとタンパク質の形が変化し、メレンゲの泡が保てなくなる。

卵には「起泡」、「乳化」（30ページ）、「熱凝固」（34ページ）という3つの大きな性質があります。だから卵は、ゆでる、焼く、蒸すなど、いろいろな料理に使える"マルチプレイヤー"なんですね

10 果物を冷やすと甘く感じるのはなぜ？

わーい、今日のおやつはメロンだ！
冷やしたメロンって甘くておいしいんだよね

そんなの、気のせいでしょ？　冷やすとひんやり
舌ざわりがよくなって、甘く感じるだけよ

いいえ、決して気のせいではありません。スイカやナシなどは、常温よりもキンキンに冷やしたほうが甘味が強く感じられるでしょう。それには、ちゃんと科学的な理由があるんですよ

 おいしさのキーワード ▶ 温度による甘味の変化

果物の甘味は温度によって変わる

甘味の正体は「ショ糖」と「果糖」

糖には大きく分けて、ショ糖と果糖があります。料理や菓子づくりに使う砂糖のおもな成分はショ糖です。果物やシロップ、フルーツジュースには果糖が多く含まれています。

ショ糖の甘味は、温度によって変化することはほとんどありません。それに対して、果糖の甘味は温度によって大きく変化することがわかっています。

温度で変化する果物の甘さ

実験によると、40℃くらいではショ糖と果糖の甘味はほぼ同じですが、60℃では果糖はショ糖の0.8倍の甘さしかありません。ところが5℃になると、果糖はショ糖の約1.5倍もの甘さがあり、急に甘味が強まりました(下図)。やはり果糖を多く含む果物は、冷やすとより甘く感じられるようです。

ただし、バナナやモモ、ミカンなどは、冷蔵庫で冷やすと追熟が進みにくくなり、甘味が増したと感じられないこともあります。

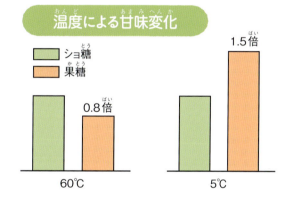

温度による甘味変化

実験しよう！ 温度で変わる甘味の感じ方

用意するもの
- ☑ コーヒー（アイスとホット）
- ☑ シロップ（果糖が入っているもの）
- ☑ コップ、スプーン

❶ アイスコーヒーとホットコーヒーにシロップを入れて、よくかき混ぜる。
❷ 両方を飲んで甘味をくらべる。どっちが甘く感じるかな？

ポイント

ホットコーヒーにシロップを入れて飲むと、アイスコーヒーに入れたときよりも甘味が少ないように感じます。これは温度が上がると果糖の甘味度が下がるためで、しくみは果物を冷やすと甘味が増すのと同じです。

11 ネバネバした納豆って腐ってるの!?

©Diana Sklarova/iStock

大豆からつくられる納豆は栄養満点!

納豆の原料は大豆だから、タンパク質が豊富で体にいい食べものなんだって

ぼくはちょっと苦手だな。ネバネバしてるし、なんかクサいし、やっぱり腐ってるんじゃない?

もちろん、腐っているわけではありません! 納豆はタンパク質や食物繊維、ビタミン、ミネラルなどの栄養素を豊富に含む「発酵食品」です。目に見えない小さな生物たちが、おいしい成分をたくさんつくり出してくれるんですよ

 おいしさのキーワード ▶ 発酵

2 科学でわかる！食べもののふしぎ

発酵パワーで食品がおいしくなる！

微生物の酵素がつくる発酵食品

発酵とは、菌やカビ、酵母などの微生物のはたらきによって、食べものの性質が人間にとって有益に変化することをいいます。発酵が起こると、食べものの味や香りがよくなったり、栄養価が高まったりすることが知られています。

納豆は、納豆菌の酵素(ナットウキナーゼ)がはたらいてできる発酵食品です。原料の大豆を煮て納豆菌を加えると、発酵が進んで大豆に含まれるタンパク質と糖を分解します。このとき、うま味成分のアミノ酸やビタミン類とともに、独特のにおいや粘りが生まれるのです。

私たちの食事には、たくさんの発酵食品が取り入れられています。日本料理に欠かせない調味料のみそやしょうゆは、麹菌がデンプン

いろいろな発酵食品

とタンパク質を分解してできます。また、日本酒やみりんは麹菌、酢は酢酸菌、チーズやヨーグルトは乳酸菌、ワインは酵母のはたらきによってつくられます。

実験しよう！ 発酵食品で簡単キュウリ漬け

用意するもの
- ☑ キュウリ……2本
- ☑ みそ……100g
- ☑ ヨーグルト……100g
- ☑ ジッパーつき保存袋

作り方
❶ 保存袋にみそとヨーグルトを入れてよく混ぜる。
❷ ①に切ったキュウリを入れて、よくもみ込む。
❸ 冷蔵庫で半日以上おいたらできあがり。

ポイント
漬物やキムチも発酵食品です。野菜についている乳酸菌がブドウ糖を分解して乳酸ができるため、時間がたつと酸っぱくなります。この実験では、ヨーグルトの乳酸菌と、みその麹菌を加えて短時間で漬物をつくります。漬け込んでから、キュウリの味や形にどんな変化が起こるか観察してみましょう。

43

12 キウイのゼリーは固まらないってホント!?

ゼラチンでキウイとパインのゼリーをつくったら、どっちもうまく固まらなかった…。どうして?

実験しよう!

キウイ&パインゼリーをつくろう

用意するもの

- ☑ キウイ……1個
- ☑ カットパイン……適量
- ☑ 粉ゼラチン……5g
- ☑ 湯……50mL
- ☑ オレンジジュース……200mL
- ☑ 耐熱ボウル、カップ、スプーン

ポイント

ゼラチンは菓子づくりなどに使われる凝固剤です。約80℃の湯で溶け、15〜20℃で固まります。生のキウイとパインのゼリーを冷蔵庫で冷やし、固まるかどうか実験してみましょう。どうすればゼリーをしっかり固めることができるでしょうか?

❶ボウルにゼラチンと湯(約80℃)を入れて、よく溶かす。

❷オレンジジュースに①を加えてよく混ぜる。

❸カップに切った果物を入れて②を注ぎ、冷蔵庫で冷やし固める。

おいしさのキーワード ▶ ゲル化、酵素

2 科学でわかる！食べもののふしぎ

果物の「酵素」がタンパク質を分解する

ゼラチンを冷やすと固まるわけ

ゼラチンは冷やすと固まり、温めると溶ける性質があります。ゼラチンの原料は、動物の体をつくっているコラーゲン（タンパク質）で、糸を束ねたような形をしています。コラーゲンに熱を加えると、糸がほどけて分解し、水に溶けやすいゼラチンになります。

一方、ゼラチンを冷やすと、コラーゲンの分解物が網目の形になり、まわりの水をその網目の中に閉じ込めようとします。このため、ゼラチンを加えた液体がゼリー状に固まります。この現象を「ゲル化」といいます。

タンパク質を分解する酵素

ところが、ゼラチン液に生のキウイやパイナップル、メロン、パパイヤなどを入れると、ゼリー状に固まらなくなることがあります。これらの果物は、タンパク質を分解する「酵素」をたくさん含んでいます。

このタンパク質分解酵素を多く含む果物を生のまま入れると、ゼラチンのタンパク質が小さく分解されて、ゼリーが溶けてしまうのです。

ゼリーの固まり方の違い

生のキウイやパインを入れたゼリーはうまく固まらない。

果物を加熱して入れるとゼリーが固まった。

生のキウイやパインの果肉入りゼリーは、あまり見かけませんね。タンパク質分解酵素は熱に弱く、約60℃ではたらかなくなります。キウイのゼリーを固めるには、電子レンジで果物を加熱して、酵素を変性（35ページ）してから使うとよいでしょう（写真右上）

45

13 タマネギを切ると涙が出るのはなぜ？

料理のお手伝いでタマネギをみじん切りにしたら、涙がボロボロ出て、目が痛くなっちゃった

そもそも、なんでタマネギを切るとそうなるの？涙が出ない、いい方法はないのかな？

タマネギを半分に切ったくらいでは、涙が出ることはありません。でも、細かくみじん切りにすると、鼻の奥がツーンとして涙が出てきます。最近では、切っても涙の出ないタマネギが品種開発され、商品化もされているんですよ

 おいしさのキーワード ▶ 酵素

2 科学でわかる！食べもののふしぎ

タマネギを泣かずに切るには

涙が出るメカニズム

　タマネギをスライスしたり、みじん切りにしたりすると、強い刺激のあるにおいがして、涙が出てきます。このことから、涙が出る原因はタマネギの細胞の中にあることがわかります。
　涙の原因になるのは、硫黄を含む「催涙成分」です。タマネギを切ると、切ったところの細胞が壊れて、催涙成分を生成する2つの酵素がはたらきやすくなります。生成した催涙成分は、蒸発してガスになります。それが鼻や目の粘膜にくっつくと、「涙を出して洗い流せ」という信号が神経から脳に伝わって、体が自然に反応するのです。
　涙が出るのを防ぐには、タマネギを水にさらすとよいとされています。涙の原因になる催涙成分が洗い流され、刺激のあるガスの発生を減らせるからです。

催涙成分ができるしくみ

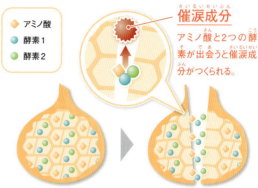

催涙成分
アミノ酸と2つの酵素が出会うと催涙成分がつくられる。

切る前
細胞の中でアミノ酸と2つの酵素が分かれている。

タマネギを切ると
細胞が壊されてアミノ酸と酵素が反応する。

実験しよう！ 涙が出ないタマネギの切り方

❶ **水にさらす**
水を流しながら切り、すぐに水にひたす。

❷ **冷やす**
使う30分ほど前に冷蔵庫に入れて冷やす。

❸ **ゆでる**
調理する前に丸ごとお湯にくぐらせる。

❹ **顔を守る**
ゴーグルをかけて目を守り、鼻をピンチではさんでガードする。

ポイント

タマネギを冷やしたり、下ゆでしたりすると、切ったときに催涙成分を生成する酵素のはたらきをおさえる効果があるとされています。また、よく切れる包丁を使うと、細胞をあまり壊さずに切ることができるので、催涙成分をおさえることができます。

47

14 お米を炊く前に水にひたすのはなぜ？

なべで米を炊くと、おこげができるよ

実験しよう！ 吸水した米を炊きくらべよう

❶ 見た目や重さから、吸水時間を変えた米 ⓐ ⓑ ⓒ の吸水の進み具合を調べる。

❷ それぞれの米を同じ量の水で炊き、食べて食感を確かめる。

用意するもの
- ☑ 米……2合（約300g）
- ☑ カップ……3個
- ☑ 水……適量

ポイント
しっかり吸水した米 ⓒ と、あまり吸水していない米 ⓐ ⓑ を、実際に炊いて食べくらべてみましょう。左の写真のように、吸水の違いは見た目ではっきりわかりますが、炊き上がるとどんな違いが出るでしょうか？

ⓐ 生の米　ⓑ 洗ったあとの米　ⓒ 30分吸水させた米

吸水時間が長いほど、米が吸水してふくらみ重くなる。

おいしさのキーワード ▶ 糊化

ヒミツはデンプンの「糊化」にあり！

米に水と熱を加えると「糊化」する

米のおもな成分は、炭水化物のデンプンです。生の米はとてもかたくて、味もほとんど感じられません。

そこで、米を水にひたしてから炊くと、米の粒が大きくなり、やわらかい食感に変わります。これは米が水を吸ってふくらみ、熱を加えることによってデンプンが変化するからです。

米に含まれるβデンプンは、水と熱を加えるとふやけてやわらかくなり、粘り気のあるαデンプンに変化します。これをデンプンの「糊化」といいます(下図)。

よくかんで食べると甘くなる

糊化したデンプンは消化されやすく、味もよくなります。さらに、口に入れてかむと、唾液に含まれるアミラーゼという消化酵素のはたらきによって、デンプンが甘味のある麦芽糖(マルトース)に分解されます。ご飯をよくかんで食べると、甘く感じるのはこのためです。

炊飯によるデンプンの変化

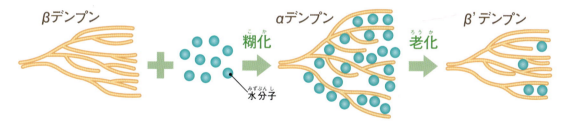

βデンプン + 水分子 →糊化→ αデンプン →老化→ β'デンプン

米のβデンプンは糊化してαデンプンに変化し、アミロースやアミロペクチンの間に水分子が入り込んでやわらかい食感になる。時間がたつとαデンプンは水分を失い、老化(β化)してかたくなる。

デンプンを糊化させるためには、加熱前の米にしっかり吸水させることが大事です。耐熱ガラスのなべで米を炊くと、炊飯中の米のようすがよくわかります。なべでご飯を炊く方法や加える水の量は、76〜77ページでくわしく紹介しています

49

15 みそ汁は、合わせだしで超おいしくなる？

うちのみそ汁は、昆布とかつお節のだしを使ってるから、めっちゃおいしいんだよ！

どっちもうま味成分の多い食品ね。
みそ汁にだしを入れないと、どんな味になるのかな？

昆布とかつお節から取った「だし」は、日本料理に欠かせないものです。昔から日本人は、この2つを合わせると料理のうま味が増すことを知っていました。じつは、この合わせだしのうま味は「1+1=2」ではないんですよ

 おいしさのキーワード ▶ うま味の相乗効果

2 科学でわかる！食べもののふしぎ

うま味の「相乗効果」でおいしさアップ

うまみ成分は「1＋1＝8」？

うま味成分は、アミノ酸のひとつであるグルタミン酸、核酸の一種のイノシン酸、グアニル酸の3つに分けられます（18ページ）。

昆布のだし（グルタミン酸）とかつお節のだし（イノシン酸）を合わせると、それらの「相乗効果」によってうま味が増すことが知られています。うまみ1の昆布と、うまみ1のかつお節を合わせると、そのだしのうま味は約8倍になります。また、シイタケなどに含まれるグアニル酸も、グルタミン酸によるうま味を約30倍に増やすことがわかっています。

うま味増強のナゾを解く！

では、なぜ2つのだしを合わせるとうま味を強く感じるのでしょうか？　そのメカニズムは長い間謎のままでしたが、近年の研究によって少しずつ明らかになってきました。

うま味を感じる受容体は、植物の双葉のような形をしています。グルタミン酸は、双葉の付け根あたりに結合します。一方、イノシン酸は葉の先端に結合し、受容体は双葉が合わさったような形になります。すると、グルタミン酸が安定して受容体にとどまるため、うま味が増強すると考えられています。

実験しよう！

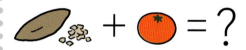
トマトのみそ汁って、どんな味？

イノシン酸　＋　グルタミン酸　＝　？

用意するもの
- ☑ かつおだしのみそ汁
- ☑ トマト
- ☑ なべ、おわん

❶かつお節でだしを取ってみそ汁をつくる（粉末だしを使ってもよい）。
❷別のなべに①を半分移し、切ったトマトを入れて煮る。
❸①と②を飲んで、うま味の感じ方をくらべる。

ポイント

イノシン酸を多く含むかつお節のだしと、グルタミン酸を多く含むトマトを組み合わせて、うま味の変化を調べる実験です。トマトは昆布と同じように、うま味の相乗効果を感じられるでしょうか？ ハクサイやタマネギなど、グルタミン酸を多く含む野菜でも試してみましょう。

> もっと知りたい！

緑茶・ウーロン茶・紅茶は兄弟！？

緑茶は日本、ウーロン茶は中国、紅茶はインドやスリランカで多く生産されている。

味も見た目も違うけれど…

みなさんは、緑茶、ウーロン茶、紅茶のどれがいちばん好きですか？ この3つは色も香りも味も違うので、まったく違うお茶だと思っている人も多いでしょう。

じつは、緑茶、ウーロン茶、紅茶は、すべて同じ茶葉からつくられています。原料はチャノキ（茶の木、学名カメリア・シネンシス）というツバキ科の植物で、その新芽をつんで加工したものなのです。

3つのお茶の大きな違いは、茶葉の発酵の方法と度合いです。緑茶は、茶葉をつんだらすぐに蒸して、もみながら乾燥させます。茶葉にすぐ熱を加えることで発酵が止まり、きれいな緑色を保つことができます。これを「不発酵茶」といいます。

紅茶は茶葉をよくもんで発酵をうながす「発酵茶」です。茶葉を乾燥させると赤く色づき、とてもよい香りがします。ウーロン茶も発酵させてつくりますが、途中で発酵を止めるため「半発酵茶」と呼ばれています。

ほかにも麹菌という微生物で発酵させるプーアル茶（後発酵茶）など、お茶にはたくさんの種類があります。ふだん何気なく飲んでいるお茶でも、つくり方の違いを知ると、もっとおいしくいただけそうですね。

第３章

新しい料理のサイエンス

01 おいしい料理を科学する

料理の科学的な研究のはじまりと、未来のテクノロジーを探る！

料理と科学のおいしい出会い

よく「料理は科学」だといわれます。ご飯を炊いたり、野菜を炒めたりするとき、炊飯器やフライパンの中ではさまざまな「化学反応」が起こっています。私たちは、そうしてできあがった化学反応の「生成物」をおいしく食べているのです。

料理のおいしさについて、科学的な手法を用いて本格的に研究されるようになったのは、20世紀の後半といわれています。おもにヨーロッパの物理学者や化学者たちは、おいしい料理の秘密を分子レベルで解き明かそうとしました。

その一方で、ある斬新な料理人たちは、科学の実験室で使われるような器具や技術を用いて、誰も見たことのない料理を次々に生み出していきます。たとえば、空気の力だけでどんな食材でも泡立てる「エスプーマ」(59〜60ページ)という技術を開発し、まったく新しい食感の料理を登場させたりしました。

それらの研究は「分子ガストロノミー」「分子調理」(59ページ)などと呼ばれています。分子ガストロノミーとは、分子の視点からガストロノミー(美食学)を研究するというものです。その目的は、たんに科学的な手法で新しい料理を生み出すのではなく、おいしい料理の決まりごとを科学的に解き明かすことでした。

新しい技術から新しい料理が生まれ、そこからまた新しい科学的な発見が生まれます。こうして科学と技術が関わりあって、料理は発展していったのです。

自動調理ロボット

キッチンではAI搭載の調理ロボットが大活躍！ 左右のロボットアームで調理から盛りつけまでスムーズに行う。(写真／MOLEY Robotics AiR kitchens)

③ 新しい料理のサイエンス

未来のレストラン

客がパネルで料理をオーダーすると、人間は入るのが難しい−80℃の冷凍倉庫内の低温凍結粉砕含水ゲル粉末が選ばれ、ロボットに運ばれて3Dフードプリンターで調理。できあがった料理は配膳ロボットがテーブルへ運ぶ。
（写真提供／山形大学大学院 理工学研究科 古川英光）

「フードテック」で食の未来が変わる？

　フードテックとは、「フード」と「テクノロジー」をかけ合わせた言葉で、新しい食に関わる技術をまとめてこう呼んでいます。

　なかでも注目されているのは、新しいタンパク源をつくる技術で、大豆などの植物成分からつくられた「代替肉」や、肉の細胞を増殖させてつくる「培養肉」などがその代表です。

　培養肉は、成分の調整ができ、衛生的であることなどがメリットです。ただし、大きな設備が必要でコストがかかるなどの課題もあります。日本ではまだ研究段階ですが、海外ではすでに商品として売られている国もあります。

　ほかにも昆虫や微細藻類を使った食品、ゲノム編集食品、自動調理ロボット、食品を印刷する3Dフードプリンター（56ページ）などの研究開発も進んでいます。これらが実用化されれば、食の未来は大きく変わるかもしれません。

培養肉

3Dプリンターを活用してつくられた培養肉。脂肪や血管、筋肉の繊維を束ねて本物の肉に近い食感を再現した。
（写真提供／大阪大学大学院 工学研究科 松崎典弥）

ユーグレナ

微細藻類のユーグレナ（ミドリムシの学名）は豊富な栄養素を含み、クッキーや健康食品、ドリンク類などが開発されている。
（写真提供／株式会社ユーグレナ）

02 3Dフードプリンター

3Dフードプリンターの実用化で、未来の食と社会が大きく変わる!?

3Dフードプリンターって何?

3Dフードプリンターは、食べものを立体的に印刷する「食品用の3Dプリンター」です。工業用の3Dプリンターと同じように、3次元データをもとに薄い層を積み重ねて立体をつくるしくみです。

3Dフードプリンターにはさまざまなタイプがあります。最もシンプルなのは「シリンジ方式」と呼ばれるタイプです。これは注射器のようなシリンジ容器にペースト状の食材を入れ、ノズルから押し出して食品を形づくっていきます。機械で作業するので、人の手ではつくるのが難しい複雑な形でも自由にデザインすることができます。

3Dフードプリンターの大きなメリットのひとつは、いつでも、どこでも、誰でも食べものをつくることができるということです。

2013年、NASA(アメリカ航空宇宙局)は3Dフードプリンターを開発する企業にたくさんの研究費を出して話題になりました。将来、月や火星に長期滞在する宇宙飛行士の食事に役立てようというのです。3Dフードプリンターがあれば、宇宙という限られた場所で、限られた食材をもとに、自分たちで好みの料理を"印刷"できるようになるかもしれません。

3Dフードプリンターのタイプ

  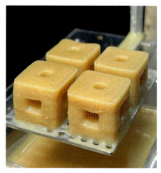

スクリュー式で印刷された寿司ダネをのせたにぎり寿司(左)。レーザー式でウニのジュレをキューブ状に造形する様子(右)。
(写真提供/山形大学大学院 理工学研究科 古川英光〈4点とも〉)

3 新しい料理のサイエンス

学校給食も3Dフードに!?

　もうひとつの大きなメリットは、一人ひとりに合わせた食事をつくることができるという点です。個人の体型や好みに合わせて洋服をつくるように、食事をオーダーメイドするイメージです。食べる人の年齢や性別、食の好み、遺伝情報などの個人データを入力するだけで、栄養面や好みに合った食品を用意することができます。こうした使い方は、これから介護食や病院食にも応用できそうです。

　学校給食も大きく変わります。給食の時間はみんなで同じものを食べるのではなく、一人ひとりに好きなメニューが提供されます。顔認証システムでアレルギーや好みの情報を読み取り、食材カートリッジをセットすれば料理のできあがり！　これなら給食の食べ残しもなくなりそうですね。

実用化にはまだ課題も…

　一方で、3Dフードプリンターはまだ本格的な開発の途中で、印刷に時間がかかる、見た目がリアルなものにならない、機械の値段やコストが高くつくといった課題もあります。

　今後は技術面だけでなく、「3Dフードプリンターでどのような社会をつくりたいか」を考えていくことが普及の鍵となるでしょう。

超進化系!? 未来の3Dフード

　2055年、3Dフードプリンターのある家庭の食卓をのぞいてみましょう。今日のおやつは大好きな「物語チョコバナナ」（写真右上）、味や食感は果物のバナナそっくりです。ディナーは「ほたて殻バーガー」（写真右下）でちょっと豪華に。本物の貝と違ってカラまで食べられます。3Dフードには食べられない部分がないので、これで食品ロスやゴミ問題も解決できるかもしれません。

※写真は2点とも、樹脂でつくられた食品サンプル模型です。
(写真提供／石川繭子〈2点とも〉、『クック・トゥ・ザ・フューチャー 3Dフードプリンターが予測する24の未来食』〈グラフィック社〉より)

バナナを切ると、模様が物語になって次々に現れる。

ほたて貝のカラがバーガーのバンズに。カラも全部食べられるよ！

57

03 AI活用で食品づくり

これからの食品開発は生成AIの活用が当たり前の時代に!?

AI検索システムの活用

一部の食品メーカーやレストランなどでは、AIを活用して新商品やレシピの開発が行われています。たとえば、新商品の味を決めるときは、過去の膨大なレシピをデータ化してAIに学習させ、求めるものに近い味を引き出して試作品づくりを行っています。このAI検索システムを使えば、開発にかかる時間を大幅に減らすことができるうえ、これまでにないような商品が生まれるのではないかと期待されています。

生成AIで和菓子づくり

下の写真は、はじめて生成AIと3Dプリンターを活用してつくられた和菓子です。まず生成画像をもとに3Dモデルを設計し、3Dプリンターでシリコン型を成形したあと、それを用いて手作業で形を再現します。最新技術と和菓子という組み合わせがおもしろいですね。

AI×和菓子づくり

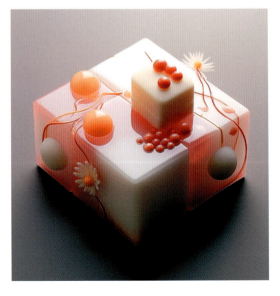

生成AIを活用してつくられた和菓子。美しく繊細なデザインが注目されている。

(写真提供／宮武茉子、寿里〈和菓子屋 かんたんなゆめ〉2点とも)

04 「分子調理」ってなんだ?

これまでの料理の常識をくつがえす「分子調理」ってどんなもの?

分子調理学と分子調理法

料理には、たくさんの科学的な要素が関係しています。そこで、食べものの性質や調理する過程で起こっている変化について、分子レベルで観察し、科学的に明らかにしていくことで、料理をよりおいしくしたり、新しい調理法を生み出したりすることができます。このような研究分野を「分子調理学」といいます。

これまでは料理人の経験や勘に頼っていたことを、顕微鏡などを使って観察したり、くわしく調べたりすることで、食材の変化のしくみや原因がわかるようになります。分子調理学は、調理のプロセスや料理のおいしさを解き明かす「科学」なのです。

それに対して、「分子調理法」は、これまでにない料理を開発するために、科学的な手法や機器などを取り入れた調理方法をいいます。

こちらは、おいしい食材や料理法の開発を分子レベルの研究にもとづいて行う「技術」といえるでしょう。

食材をフワフワにする「泡化」

分子調理法には、たくさんの料理方法があります。その代表的なもののひとつが、エスプーマという器具を使って素材を泡立てる「泡化」という技術です。

たとえば、卵白でメレンゲをつくるときは、泡立て器で卵白に空気を入れ込み、ムース状に仕上げます。泡化では、エスプーマで二酸化炭素などのガスを素材に入れ込むことで、ふつうは泡立たない素材をムース状にすることができます。空気をたくさん含んでいるので食感が軽く、口に入れた瞬間にふわっと香りが広がるのが特徴です。フワフワのあんみつやグリーンピースのムースなど、おもしろい食感の料理がつくれそうです。

分子調理学と分子調理法

分子調理学
サイエンス
(科学)

×

分子調理法
テクノロジー
(技術)

分子調理学は「科学」で、分子調理法は「技術」。この2つは車の両輪のように関係しあっています

ゲルの膜で液体を包む「球状化」

　もうひとつ、よく知られているのが「球状化（球化）」です。これは、もともと日本で発明された人工イクラをつくる技術をもとに発展したもので、液体をゲル状の膜で包み込んでイクラのような粒状にします。

　その膜はアルギン酸とカルシウムイオンの化学反応によってできるもので、包み込む液体を乳酸カルシウム溶液に1滴ずつたらしてつくります。家庭でも手軽にできるので、ぜひ試してみてください。

　このほかにも、素材をゼリー状にする「ゲル化」や、もともと混じりあわない素材を均一に混ぜ合わせる「乳化」、橋をかけるように分子と分子の間を結合させる「架橋化」など、たくさんの分子調理法があり、さまざまな料理に応用されています。

「泡化」

エスプーマで二酸化炭素や亜酸化窒素などのガスを入れ込む「泡化」。使う気体によって味やなめらかさも変わる。写真左は、フワフワのあんをのせた「泡化あんみつ」。

（写真提供／石川繭子〈2点とも〉）

「球状化」

アルギン酸カルシウムの膜で液体を包む「球状化」でつくられた人工イクラ。口に入れるとプチプチした食感が本物そっくり！

（写真提供／石川繭子〈2点とも〉）

3 新しい料理のサイエンス

「ゲル化」と「乳化」

写真左・中／ゲルで食べものを包み込む「ゲル化」はさまざまな形状を保つことができる。
写真中は、球状の「スノードームふろふき大根」。 写真右／「乳化」でつくられた「飲むポテトサラダ」。
(写真提供／石川繭子〈3点とも〉、以上すべて『分子調理の日本食』〈オライリー・ジャパン〉より)

新技術から新しい知見が生まれる

　料理に科学を取り入れれば、まったく新しい調理法が生まれ、そこからまた新しい食の知識が引き出されるかもしれません。分子調理学と分子調理法は、こうしてお互いに関係しあうことで発展していきます。

人工イクラのつくり方は78ページを見てね！

レーザーで調理！？

　レーザークッキングという新しい加熱調理法が注目されています。これは、レーザーカッターという機械とカメラを設置し、食材の狙ったところだけを焼くものです。たとえば、チーズの上に焼き目で文字や絵をかいたり、せんべいにQRコードを焼きつけたり。3Dフードプリンターと組み合わせれば、匠の技でもかなわない超複雑な造形がつくれるかもしれません。

61

05 料理を式であらわす

料理を式であらわすと、オリジナル料理をつくるヒントになる？

どんな料理も式にできる！

「料理を式にする」というアイディアは、分子ガストロノミー（54ページ）の研究で知られるフランスの物理化学者、エルヴェ・ティスが提唱したものです。ティスは、あらゆる料理は2つの要素によって「式」であらわせると考えました。その要素の1つは、食材の状態をあらわす4つの記号「G（気体）、W（液体）、O（油脂）、S（固体）」、もう1つは分子活動の状態をあらわす4つの記号「／（分散）、＋（併存）、⊃（包合）、σ（重層）」です（下図）。これら4つずつの要素を組み合わせて、あらゆる食材や料理の成り立ちを説明するものです。

たとえば、泡立てる前の生クリームは、水の中に油脂が散らばっている状態なので、次のような式であらわすことができます。

O／W（油脂、分散、水）

また、「生クリームを泡立てる」という調理法は、油脂に空気を含ませて、その油脂が水の中に散らばっている状態です。

(O＋G)／W（油脂、併存、気体、分散、水）

このように料理を式であらわすと、これまで見えてこなかった料理の特徴が浮かび上がってきます。さらに、料理を分類したり、系統を整理したりすることによって、料理の意外な共通点や進化の過程が見えてくるのです。

料理の式をつくるための記号

要素❶ 食材の状態

- **G** Gas 気体
  （例）泡立てたホイップクリームの中の空気
- **W** Water 液体
  （例）スープ、ジュース
- **O** Oil 油脂
  （例）サラダ油、オリーブオイル
- **S** Solid 固体
  （例）ご飯、肉、魚

要素❷ 分子活動の状態

- ／ 分散
  A／B
  AがBの中に散らばっている
- ＋ 併存
  A＋B
  AとBがバラバラにいる
- ⊃ 包合
  A⊃B
  AはBで包まれている
- σ 重層
  AσB
  AにBが重なっている

62

③ 新しい料理のサイエンス

新たな料理を生み出すヒントに

料理の式は、新たな料理を生み出すときのヒントにもなります。式の形を変えたり、記号を別のものに置き変えたりすることで、新しい料理の開発に応用することができそうです。たとえば、左ページの生クリームの例では、O（油脂）をチーズに変えたら、おいしいホイップチーズが生まれるかもしれません。

料理の式に「正解」はありません。材料を細かく見ていくと、式はどんどん複雑なものになっていきます。みなさんも料理の式を考えることで、誰も考えつかないようなオリジナル料理を発明できるかもしれませんね。

> 好きな料理を式であらわしたり、その式を変形したりして新しい料理を考えてみましょう！

料理を式であらわした例

おにぎり
S1⊃S2⊃S3
S1＝梅干し、S2＝ご飯、S3＝のり

みそ汁
（S1＋S2）／W
S1＝豆腐、S2＝ワカメ、W＝スープ

練習問題にトライ！

次の料理を、下の材料をもとに式であらわしてみよう。答えの例は下にあるよ！

❶ ラーメン
　S1＝めん、S2＝チャーシュー、S3＝卵、S4＝ネギ、W＝スープ
❷ ピザ
　S1＝ピザ生地、S2＝チーズ、S3＝ベーコン、O＝オリーブオイル
❸ 牛丼
　S1＝ご飯、S2＝牛肉、S3＝タマネギ、S4＝紅ショウガ

> 牛丼の具は？

[答えの例] ❶（S1／W）の(S2＋S3＋S4) ❷S1⊃(S2＋S3)のO ❸S1⊃(S2＋S3＋S4)

> もっと知りたい！

宇宙旅行の人気No.1グルメは？

宇宙ホテルのレストランでは、まん丸い"宇宙オムレツ"が食べられるかも!?

無重力でオムレツをつくってみた

　食事は旅行の楽しみのひとつ。近い将来、誰もが宇宙に行けるようになったら、どんな「宇宙料理」が食べられるでしょうか？
　宇宙の重力はほぼゼロの無重力なので、ふつうのなべやフライパンは使えない可能性があります。そこで注目されているのが「無重力調理法」です。
　無重力でオムレツをつくると、どうなるのでしょうか？　無重力空間に水を放つと、表面張力によって水は完全な球になります。同じように、カラを割った卵の中身も、無重力状態ではきれいな球体になるでしょう。
　さらに、宇宙空間では水と油が分離しません。卵黄と卵白の成分は、地球上ではありえない状態で混ざりあうのです。
　こうして完全に混ざりあい、完全な球状になった卵を、特別なオーブンで全方向からまんべんなく加熱することができれば、お月さまのようにまん丸で、ふわふわトロトロの"宇宙オムレツ"がつくれそうです。つけあわせの野菜は、3Dフードプリンター(56ページ)でつくったブロッコリーやニンジン。皮をむいたり、ゆでたりする必要がないので、たくさんの生ゴミが出ることもありません。
　将来、こうした宇宙料理の研究をするのもおもしろそうですね。

第4章 おいしくつくろう 料理実験に挑戦！

カラをむいたらビックリ！
黄身だけゆで卵

ふつうのゆで卵は白身の中に黄身があるけど、これは全体が黄色いふしぎな卵だよ。

どうやってつくるの!?

卵全体を黄身にするテクニック

　卵のカラの中は、大きく卵黄（黄身）と卵白（白身）に分かれています。右ページのように、遠心力を利用して生卵を高速回転させると、カラを割らずに卵黄を包んでいる薄い膜（卵黄膜）を破ることができます。これを湯の中で転がしながらゆでると、黄身と白身が混ざり、黄身が外側（カラの内側）から固まって、全体が薄い黄色になります。

　暗いところで生卵に懐中電灯の光を当てると、全体が明るく透けて見え、黄身が動いていることがわかります。一方、高速回転で卵黄膜が破れた卵は光をほとんど通さず、全体が暗く見えます（写真右）。

用意するもの
- 卵……1個
- ストッキング……1枚
- 輪ゴム……1本
- 食品ラップ、なべ、懐中電灯

卵に光を当ててチェック

生卵
明るく透けて見える。

黄身だけ卵
光が透けず全体が暗い。

4 おいしくつくろう 料理実験に挑戦！

つくり方

1

生卵をラップで包む。ストッキングに入れて片端をしばり、反対側を輪ゴムできつくしばる。

ポイント

ストッキングを強くねじり、卵の重心がぶれないように高速回転させるのがコツ。プチッと音がしたら卵黄膜が破れたサイン、光を当てて中が透けないことを確認しよう。もっとバランスよく回転させると、黄身と白身が逆転した「黄身返し卵」ができるかも。

2

ストッキングの両端を持ち、卵を50回ほどグルグル回してストッキングをしっかりねじる。

3

左右に勢いよく引っぱって卵を高速回転させる。これをくり返し、プチッという音がしたら回すのをやめる。

4

なべに湯をわかし、はしで卵を転がしながら弱火で10分ほどゆでる。

5

火を止めて余熱で5分、氷水で5分冷やす。カラをむいて、できあがり。

果物にからめてもおいしい！

動画もチェック！

つやつやで香ばしい香り
べっこうあめ

あめ色の「べっこうあめ」をつくって、カラメル化反応を観察しよう。

べっこうあめができる温度は？

砂糖水を加熱すると、温度が上がるにつれて色やにおいが変化していきます。はじめは無色でサラサラしていますが、140℃くらいで薄い黄色になり、とろみがつき始めます。さらに165～170℃になると、砂糖の成分が分解されてカラメル化反応(37ページ参照)が起こり、薄い茶色になって香ばしいにおいがします。この段階で、あめ状になったものを冷やして固めたのが「べっこうあめ」です。

そのまま190℃くらいまで加熱すると、水分が減ってこげ茶色のカラメルになり、甘みはほとんどなくなります。このカラメルはソースやコーラなどの色づけに使われます。

温度による色の変化

約105℃ シロップ
無色でとろみのある甘い砂糖液。においはほとんどない。

約145℃ ドロップ
粘り気のある細かい泡が出てきて薄い黄色に色づく。

約165～180℃ カラメル
カラメル化で薄茶色になり、香ばしいにおいがしてくる。

4 おいしくつくろう 料理実験に挑戦！

用意するもの
- ☑ 砂糖……100g
- ☑ 水……大さじ2（30mL）
- ☑ 竹ぐし……適量
- ☑ くっつかないアルミホイル
- ☑ 耐熱シリコンカップ
- ☑ なべ、調理用温度計、バット

ポイント
薄く色がつき始めたらすぐに色が濃くなっていくので、あめ色になるタイミングを逃さないように。はじめは温度を測りながら試すといい。色づき始めたら、なべの中をかき混ぜないこと。必ず火を止めてなべを回そう。

つくり方

1

砂糖と水をなべに入れ、よく混ぜて砂糖水をつくる。火の強さを中火にして加熱する。

2

約160℃で薄く色がつき始めたら火を止めて、なべを回しながら余熱であめ色にする。

3

＼あつ熱いよ！／
アルミホイルの上にたらすか型に流し入れ、あめの上に竹ぐしをのせる。

4

＼完成！／
そのまま冷まして、あめが固まったらアルミホイルや型からはずす。

⚠ 加熱した砂糖水は高温なので、やけどに注意。火を使う料理は大人といっしょに行おう。

簡単！3分でできあがり
しゃかしゃかアイス

冷凍庫で冷やし固めなくても、塩を加えた氷とシェイクするだけでアイスができちゃう！

さっぱり味のアイスだよ

なぜ冷凍庫なしでアイスができるの？

氷に塩を加えると、どんどん温度が下がって冷凍庫の中のように氷点下になります。さらに液体は気体よりすばやくまわりから熱を奪うため、氷水で冷やすとあっという間にアイスクリームができあがります。

氷に塩を加えた塩氷がまわりから熱を奪うときは、2つの化学反応が起こっています。1つは氷が溶けて水になる「融解」、もう1つは塩が氷水に溶け込む「溶解」です。塩水は真水より凝固点（液体が固体になる温度）が低いため、どんどん熱を奪って凝固点が下がります。これらの反応が合わさって、すぐに材料が冷やし固められたのです。

氷水と塩による温度変化

氷に塩を加えると、すぐに温度が下がり始めて−18℃まで下がった。

氷のみ
0℃

氷+塩
−18℃

4 おいしくつくろう 料理実験に挑戦！

用意するもの
- 牛乳……150mL
- 砂糖……大さじ1
- 塩……大さじ8
- 氷……適量
- ジッパーつき保存袋(大1、中1)、タオル、スプーン(アイスディッシャー)

ポイント
塩氷はとても冷たくなるので必ずタオルでくるみ、両手で強くふったり、机の上で転がしたりしてしっかり混ぜよう。好みで砂糖の量を変えたり、牛乳と生クリームの量を半々にしたりすると、固まり方はどう違うかな？

つくり方

1

ジッパーつき保存袋(中)に牛乳と砂糖を入れ、袋の口をしっかりと閉じる。

2

保存袋(大)の半分まで氷を入れ、塩を加えて軽くもむ。❶を袋ごと入れて口を閉じる。

3

外側の袋ごとタオルでくるみ、3〜5分ほど勢いよくシェイクする。

4

アイスが固まったら袋を開け、スプーンやディッシャーですくって器に盛りつける。

完成！

カラフルな色の層ができる
セパレートドリンク

砂糖のシロップと果物ジュースの比重の違いを利用して、きれいな色の層をつくろう。

なんで層ができるのかな？

比重の差を利用して層をつくる

セパレートドリンクは、液体に溶けている砂糖の量（糖度）の違いを利用して層をつくる飲みものです。砂糖を水に溶かしたシロップと果汁ジュースを同じ量でくらべると、シロップのほうが重く（比重が大きく）なります。そのため、シロップを下の層にして上にジュースを注ぐと、砂糖を加えて重くなったシロップは下に沈んだままになり、上のジュースと混ざることなく、きれいな2層に分かれます。

ポイントは、シロップの砂糖と水を同じ量（1：1）にすること。ジュースは果汁100％で色の濃いものを使うときれいでしょう。

用意するもの

シロップ（A・B共通）
- ☑ 砂糖……100g
- ☑ 水……100mL

Aグレープソーダ
- ☑ グレープジュース……70mL
- ☑ 炭酸水……70mL
- ☑ 氷……適量

Bオレンジティー
- ☑ オレンジジュース……70mL
- ☑ アイスティー（無糖）……50mL
- ☑ 炭酸水……20mL
- ☑ 氷……適量
- ☑ 縦長グラス、耐熱ボウル、計量カップ、スプーン（A・B共通）

4 おいしくつくろう 料理実験に挑戦！

シロップのつくり方

水(左)と砂糖(右)は1:1。

❶耐熱ボウルに砂糖と水を入れて混ぜる。
❷電子レンジ(600W)でラップをかけずに20～30秒加熱してかき混ぜる(砂糖が溶けるまで追加で加熱)。
❸砂糖が完全に溶けたら、そのまま冷ます。

グレープソーダのつくり方

1 グラスにグレープジュースとシロップ(大さじ2～3杯)を入れる。

2 スプーンでよくかき混ぜて、グラスの縁いっぱいまで氷を入れる。

3 炭酸水を氷に当てながら静かに注ぐ。勢いよく注ぐと全体が混ざってしまうので注意。

オレンジティーのつくり方

1 グラスにアイスティーとシロップ(大さじ2～3杯)を入れてかき混ぜる。

2 グラスいっぱいに氷を入れ、オレンジジュースを氷に当てながら静かに注ぐ。

3 オレンジジュースの上に炭酸水を静かに注ぐと、3つの層ができる。

炭酸水で超ふっくら ふわふわパンケーキ

市販のホットケーキミックスに炭酸水を加えて焼くと、いつもよりモチモチ感と厚みがアップ！

ふんわり厚く焼き上げるには？

ホットケーキミックスには小麦粉、砂糖、油脂、食塩、ベーキングパウダー（ふくらし粉）などがブレンドされています。熱を加えるとベーキングパウダーが反応してガスが発生し、その力で生地がふくらむのです。

小麦粉に水を加えてこねると、グルテンというタンパク質がつくられます。グルテンが多いとしっかりした生地になりますが、そのぶんふくらみにくくなります。水の代わりに炭酸水を加えると、生地にガスが入り込んで気泡ができます。焼くと、この気泡が大きくふくらみ、グルテンのかたさに対してデンプンのふくらむ力が強くなるので、厚くてつぶれにくいパンケーキができあがります。

パンケーキの断面くらべ

炭酸水のパンケーキ（左）は、水を加えて焼く基本のパンケーキ（右）より厚く焼き上がる。

4 おいしくつくろう 料理実験に挑戦！

用意するもの

炭酸水のパンケーキ（4枚分）

- ホットケーキミックス……200g
- 卵……1個
- 炭酸水……160mL
  （基本のパンケーキは水160mL）
- ボウル、計量カップ、泡立て器、フライパン、ふきん、フライ返し

ポイント

炭酸水を加えたパンケーキと、水を加えた基本のパンケーキを両方焼いてみて、厚みやふくらみ方をくらべてみよう。鉄製のフライパンを使うときは、こげつかないように少量の油をひいて焼くといい。

つくり方

1

ボウルに卵と炭酸水（または水）を入れ、泡立て器でよく混ぜる。

2

❶にホットケーキミックスを少しずつ加え、さっくりと混ぜる。

3

フライパンを中火で熱し、ぬれぶきんの上にのせて冷ます。❷の1/4の量を流し入れ、火を弱めて3分ほど焼く。

4

表面に気泡が出てきたらひっくり返し、さらに2〜3分焼いて皿に盛りつける。

香ばしいおこげができる
なべで炊くご飯

炊飯器の中では、お米にどんな変化が起こっているのかな？
なべでご飯を炊いて確かめてみよう。

おこげもおいしい！

米を炊く水の量はどのくらい？

ふつう米を炊くときに加える水の量は、米の重さの約1.5倍。米1合（約150ｇ）に対して、水225ｇ（225mL）が適量です。より正確に加える水の量を求めるときは、米を洗う間に吸った水の量を引きます。米は水につけた直後に最もよく水を吸収し、だんだん吸水ペースがゆるやかになります。洗米中に米の重さの10％前後（1合につき約15mL）の水を吸収し、時間がたつほど多くの水を吸収します。そのため、洗米の前と後の米の重さを量れば吸水量がわかり、右下の式のように、米を炊くときに加える水の量をより正確に計算することができます。

洗米前と洗米後の吸水量

（例）156gの米では洗米前より洗米後のほうが19g重くなった。下の式から、156gの米を炊くときに加える水の量は215gとなる。

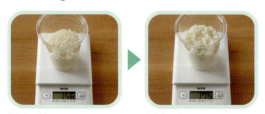

洗米前　156g　　洗米後　175g

● 吸水量＝（洗米後の米の重さ）−（洗米前の米の重さ）
● 米を炊くときに加える水の量＝（洗米前の米の重さ）×1.5−吸水量

4 おいしくつくろう 料理実験に挑戦！

用意するもの
- ☑ 米……2合（約300g）
- ☑ 水（炊飯用）……約420mL
- ☑ ボウル、なべ、ざる、しゃもじ

ポイント
水が沸騰するまではふたを開けて様子を見てもいいけど、沸騰後はふたを開けないこと。なべ底の「おこげ」が香ばしい香りがするのは、メイラード反応（36ページ）が起こったからだ。

つくり方

1

米をボウルに入れ、水を3〜4回替えながら研ぐ。水が少し濁った程度でざるにあげて水気を切る。

2

なべに米と水を入れて吸水させる。吸水時間の目安は、夏は30分、冬は1〜2時間ほど。

3

なべを中火にかけ、沸騰したら吹きこぼれない程度に火を弱める。沸騰後はなべのふたを開けないこと。

4

10〜15分して水分が減り、ブクブク音がするようになったら弱火にし、さらに10〜15分ほど炊く。

5

香ばしい香りがしたら、おこげができたサイン。火を止めて、ふたをしたまま10分ほど蒸らす。

6

ご飯が熱いうちにしゃもじで混ぜ、余分な水分を飛ばす。なべ底のおこげを観察しよう。

⚠ 炊飯中は吹きこぼれや飛び散った熱湯でやけどをしないように注意。

プチプチした食感もまるでイクラ！

動画もチェック！

分子調理にトライ！
人工イクラおにぎり

分子調理法のひとつ「球状化」の技術を使って、本物そっくりのイクラをつくろう。

球状化でつくる人工イクラ

3章で紹介した分子調理法(59ページ)の中でも、球状化(球化)は家庭で手軽に試せるおもしろい調理技術です。球状化は、もともと人工イクラをつくるのに使われている技術で、液体を薄い膜で包んでイクラのような粒状にすることができます。

用意するのは、食用のアルギン酸ナトリウムと乳酸カルシウム(右写真)。液体調味料などに溶かしたアルギン酸ナトリウムを、乳酸カルシウム水溶液にディスペンサーなどで1滴ずつ落とすと、カルシウムイオンの化学反応によって薄いゲル状の膜ができ、液体が包み込まれてオレンジ色の粒状になります。

用意するもの

- ☑ 液体調味料……150mL
- ☑ 乳酸カルシウム……9g
- ☑ アルギン酸ナトリウム……3g
- ☑ 水……300mL
- ☑ ボウル、泡立て器(ハンドミキサー)、ディスペンサー、スプーン、縦長グラス、網じゃくし

食用のアルギン酸ナトリウム(左)と乳酸カルシウム(右)はネット通販などで入手できる。

4 おいしくつくろう 料理実験に挑戦！

つくり方

1

液体調味料（めんつゆなど）にアルギン酸ナトリウムを加える。

2

泡立て器（あればハンドミキサー）などで、よくかき混ぜる。

3

ボウルに水を入れ、乳酸カルシウムを加えて白い沈殿物がなくなるまでよくかき混ぜる。

4

❷の液体をディスペンサーに入れる（先端をカットして口の大きさを調整）。

5

❸の乳酸カルシウム水溶液を縦長グラスに移し、ディスペンサーの液体を1滴ずつたらす。

6

水溶液の中で球体を30秒ほど静かにおき、網じゃくしでこして水で軽く洗う。

石川伸一（いしかわ・しんいち）

宮城大学食産業学群教授。専門は食品学、調理学、栄養学。関心は食の「アート×サイエンス×デザイン×テクノロジー」。著書に『料理と科学のおいしい出会い』（化学同人）、『分子調理の日本食』（オライリー・ジャパン）、『クック・トゥ・ザ・フューチャー 3Dフードプリンターが予測する24の未来食』（グラフィック社）など。

カバーデザイン	熊谷昭典（SPAIS）
本文デザイン	滝本理恵（pasto）
撮影	石川繭子、川上秋レミイ、平松サリー
イラスト	キタハラケンタ
図版制作	新保基恵、中家篤志（プラスアルファ）
校正	塩野祐樹
編集協力	戸村悦子

子供の科学サイエンスブックスNEXT

卵をゆでると固まるのはなぜ？ うま味って何？

実験でわかる！ おいしい料理大研究

2024年11月15日　発行　　　　　　　　　　　　　　NDC596

著　　　者　石川伸一
発　行　者　小川雄一
発　行　所　株式会社 誠文堂新光社
　　　　　　〒113-0033 東京都文京区本郷3-3-11
　　　　　　https://www.seibundo-shinkosha.net/
印刷・製本　TOPPANクロレ株式会社

©Shin-ichi Ishikawa. 2024　　　　　　　　　　　　Printed in Japan

本書掲載記事の無断転用を禁じます。

落丁本・乱丁本の場合はお取り替えいたします。

本書の内容に関するお問い合わせは、小社ホームページのお問い合わせフォームをご利用ください。

本書に掲載された記事の著作権は著者に帰属します。これらを無断で使用し、展示・販売・レンタル・講習会等を行うことを禁じます。

JCOPY <（一社）出版者著作権管理機構　委託出版物>
本書を無断で複製複写（コピー）することは、著作権法上での例外を除き、禁じられています。本書をコピーされる場合は、そのつど事前に、（一社）出版者著作権管理機構（電話 03-5244-5088 ／ FAX 03-5244-5089 ／ e-mail：info@jcopy.or.jp）の許諾を得てください。

ISBN978-4-416-52471-8